L'ANGINE

ARTHRITIQUE

TRAITEMENT

PAR LES EAUX D'AIX-LES-BAINS ET DE MARLIOZ

OBLIGATION DE L'EXAMEN LARYNGOSCOPIQUE

PAR

LE DR E. MILLET

ANCIEN INTERNE DES HOPITAUX DE PARIS

PARIS

ADRIEN DELAHAYE et ÉMILE LECROSNIER, ÉDITEURS

PLACE DE L'ÉCOLE-DE-MÉDECINE

—

1885

L'ANGINE
ARTHRITIQUE

TRAITEMENT

PAR LES EAUX D'AIX-LES-BAINS ET DE MARLIOZ

OBLIGATION DE L'EXAMEN LARYNGOSCOPIQUE

PAR

LE DR E. MILLET

ANCIEN INTERNE DES HOPITAUX DE PARIS

PARIS

ADRIEN DELAHAYE ET ÉMILE LECROSNIER, ÉDITEURS

PLACE DE L'ÉCOLE-DE-MÉDECINE

1885

L'ANGINE ARTHRITIQUE

L'arthritisme

Ses manifestations cutanées et muqueuses.

L'arthritisme tel qu'il est compris aujourd'hui embrasse un grand nombre d'affections dynamiques et matérielles, extrêmement variées, mais se succédant dans un ordre réglé et se transmettant réciproquement par hérédité. La plupart de ces affections sont connues depuis longtemps; certaines d'entre elles, même, ont été décrites d'une façon très complète, mais isolément. La diversité des opinions émises sur leur nature, par les auteurs, entretenant des confusions, s'opposait à leur réunion en un groupe nettement défini.

C'est seulement dans ces vingt-cinq dernières années que des tentatives fructueuses se sont produites dans ce sens, et que la lumière s'est faite progressivement.

Bazin a donné un arthritisme qui laissait subsister à côté de lui l'herpétisme; Sandras, l'état nerveux; Bouchut, le nervosisme; Huchard, la neurataxie; Lancereaux, l'herpétisme.

C'est à ce savant anatomo-pathologiste, à ce clinicien éclairé que revient l'honneur d'avoir constitué sous le nom (regrettable peut-être) d'herpétisme, le groupement complet et défini de toutes les manifestations morbides qui constituent l'arthritisme.

C'est un immense service rendu à la médecine, car, en dehors des satisfactions que peut y puiser la science, la pratique y trouve des indications éminemment précieuses. Il est évident, en ce qui touche les eaux d'Aix, que leur spécialisation démontrée pour certaines affections du groupe, doit être étendue à toutes les manifestations morbides qu'il renferme. C'est ainsi que leur réputation universelle, pour la cure des déterminations douloureuses de l'arthritisme, entraîne la présomption de leur efficacité dans les affections de la muqueuse respiratoire dépendant de cette même diathèse.

L'école de Saint-Louis rattache aujourd'hui à l'arthritisme toutes les manifestations cutanées diathésiques qui n'appartiennent ni à la scrofule ni à la syphilis.

C'est un exemple à suivre pour un grand nombre d'affections des muqueuses, respiratoire et autres, qui se rencontrent avec les manifestations arthritiques, et qui ne peuvent être rattachées aux autres diathèses.

Ainsi doit-on particulièrement considérer comme de nature arthritique les états divers décrits par Chomel, Horace Green, Buron et Guéneau de Mussy sous les noms d'affection granuleuse du pharynx, pharyngo-laryngite chronique, pharyngo-laryngite folliculeuse, angine herpétique, états dans lesquels une lésion commune à tous, la granu-lation, était seule considérée.

Il a fallu l'invention du laryngoscope pour que l'étude des manifesta-tions angineuses diathésiques pût être complétée. Il était impossible, en effet, de relever les lésions du larynx, sans le concours de cet instrument.

Isambert s'est appliqué à préciser les symptômes des angines diathé-siques, à rechercher leur origine et à les classer. Mais tout en entrevoyant les analogies considérables qui existent entre l'arthritisme et l'herpé-tisme, il a laissé celui-ci subsister encore.

Le Dr Cadier dans ses cours et dans son *Manuel de laryngoscopie*, publié pour la première fois en 1879, a montré l'inanité de cette division, et le premier il a décrit comme affection distincte l'angine arthritique.

Nous pouvons ajouter (communication orale) que les nombreux cas observés par le Dr Cadier depuis cinq ans, et dont quelques-uns seront relatés plus loin, sont venus confirmer absolument sa conception de l'angine arthritique.

Cette affection est extrêmement fréquente. Il est reconnu à Aix que les cas de rhumatisme chronique diathésique sans catarrhe de la mu-queuse respiratoire sont de véritables exceptions. Elle s'y montre, en effet, avec les diverses affections qui constituent l'arthritisme, mais spécialement avec le rhumatisme musculaire et nerveux constitutionnel. Elle coexiste surtout avec les déterminations cutanées; parfois même elle alterne avec elles.

L'angine arthritique comprend :

La pharyngite, la rhinite postérieure, et la laryngite, ces trois régions ayant entre elles les plus étroites connexités anatomiques et fonction-nelles. La coïncidence de la rhinite postérieure avec la pharyngite et la laryngite est absolument caractéristique de l'angine arthritique.

Symptômes objectifs de l'angine arthritique.

1° *Pharyngite.* — La muqueuse du pharynx présente une coloration d'un rose carminé assez vif, avec reflets opalins sur certains points.

Sur ce fond se détachent de nombreuses glandules de volume moyen, d'un rouge carminé très vif; chacune d'elles servant de centre à un réseau vasculaire fin d'un rouge également très accentué. Les vaisseaux qui constituent ces réseaux affectent de la façon la plus formelle l'aspect flexueux et serpentiné que l'on rencontre si souvent dans les petites varices superficielles des membres inférieurs.

La muqueuse des piliers et de la luette offrent le même aspect. Cette dernière est hypertrophiée et allongée et présente de grosses saillies glanduleuses.

La pharyngite arthritique affecte souvent encore une autre forme dite *sèche :*

La muqueuse, alors également rosée, est semée d'un très grand nombre de petites saillies glandulaires d'un rouge très accentué, donnant à la partie un aspect chagriné. Ces glandules sont aussi entourées de varicosités d'un rouge vif. Le tout est couvert comme d'une mince couche d'un vernis grisâtre et transparent, qui n'est autre que du mucus, et qui donne au pharynx l'aspect sec et luisant caractéristique.

2° *Rhinite postérieure.* — Au naso-pharynx, la muqueuse, éclairée par le miroir rhinoscopique sous lequel elle ne peut être examinée, paraît d'un rouge foncé. On y distingue aussi des saillies glandulaires de même couleur, réunies souvent en groupes volumineux, particulièrement autour des orifices des trompes d'Eustache.

3° *Laryngite.* — Dans la laryngite arthritique la *face postérieure de l'épiglotte* est d'un rouge vif, plus accentué que la teinte normale. Elle est tuméfiée et présente fréquemment un aspect chagriné dû à l'hypertrophie des glandes utriculaires qu'elle renferme en grand nombre. Alors aussi on voit au milieu de la teinte rouge générale, un état varicoïde des vaisseaux entourant les orifices glandulaires.

Le bord de l'épiglotte est souvent granuleux, avec des granulations plus volumineuses que celles de la face postérieure.

Les *éminences aryténoïdes* sont rosées et légèrement tuméfiées, une seule parfois est augmentée de volume. Elles présentent quelquefois aussi l'aspect chagriné avec état varicoïde.

Les *bandes ventriculaires* offrent quoique plus rarement une certaine tuméfaction. Il est exceptionnel d'y constater, malgré leur richesse en glandules, les signes de l'hypertrophie glandulaire.

Les *cordes vocales* présentent une coloration rosée générale avec opalescence. La rougeur assez souvent s'accentue fortement à leurs extrémités postérieures et antérieures, et parfois même elle y est limitée. Elle est constituée dans ces points par des striés vasculaires transversales, bien visibles avec un bon éclairage.

L'aspect nacré des cordes est quelque peu terni, elles sont d'un blanc moins éclatant et comme dépolies par la chute de leur épithélium. Elles sont en outre tuméfiées, épaissies le plus généralement dans toute leur étendue, mais souvent inégalement, parfois le long du bord libre seulement. Elles apparaissent dans le champ du miroir laryngien, sous la forme de cordons rosés, au lieu de rubans blancs et plats.

Là ne se bornent point les altérations des cordes vocales dans la laryngite arthritique. On les voit, en effet, présenter souvent l'aspect chagriné et l'état varicoïde. Parfois aussi on trouve sur un point de leur surface, souvent à la partie moyenne, une granulation volumineuse entourée d'un lacis vasculaire. L'hypertrophie glandulaire disparaît peu à peu pour laisser à sa place un certain épaississement de la muqueuse.

Un dernier phénomène, et ce n'est pas le moins intéressant, nous reste à signaler à propos des cordes vocales. Nous voulons parler d'une inégalité de tension qu'elles présentent fréquemment; soit que l'une d'elles seulement soit le siège de ce phénomène; soit qu'il les atteigne toutes deux à des degrés différents.

Le défaut de tension est dû à un certain degré de parésie. Il empêche l'occlusion complète de la glotte, altère les vibrations et amène certaines modifications de la voix que nous signalerons plus loin. Il est assez important pour nécessiter la création d'une division dans la laryngite arthritique, selon que les phénomènes congestifs communs existent seuls, ou que se manifestant surtout sur les cordes vocales, ils s'accompagnent d'un défaut de tension de ces cordes ou de l'une d'elles seulement.

De là deux formes : la *forme commune*, la *forme asthénique*.

Le bord libre des cordes vocales se présente parfois sous un état irrégulier, sinueux, dû à l'existence de petites saillies glandulaires.

La *commissure postérieure* offre des lésions analogues à celles que nous venons de décrire : rougeur et gonflement plus ou moins accentués, avec quelques fines granulations glanduleuses. Elle est, en outre, le siège d'une lésion qui est absolument caractéristique de la laryngite arthritique. Nous voulons parler de l'*aspect velvétique*. Cette lésion, ainsi dénommée parce qu'elle donne à la muqueuse de la commissure postérieure une certaine ressemblance avec le velours, est constituée par la réunion d'un certain nombre de petites saillies à sommet étroit, aigu, à base large. L'aspect velvétique est surtout bien visible dans l'état de demi écartement des éminences aryténoïdes alors que la muqueuse qui les sépare n'est ni tendue, ni relâchée. Ces saillies sont attribuées à une hypertrophie des papilles muqueuses. Un état quelque peu analogue a été signalé dans la première période de la laryngite tuberculeuse, mais un œil exercé ne saurait confondre avec celui que nous venons de décrire l'état velvétique tuberculeux, dont les saillies sont volumineuses, formées par de petits corps arrondis, bien saillants, à base étranglée, presque sessiles.

On perçoit encore pendant l'examen du larynx au miroir, des mucosités d'un blanc grisâtre, visqueuses, adhérentes à la muqueuse. On les voit souvent sur les bords libres des cordes vocales qu'elles agglutinent, et qui éprouvent ainsi une certaine peine à se séparer pour ouvrir la glotte. Elles sont alors d'un blanc neigeux, battues qu'elles ont été par l'air. Leur viscosité les tient attachées aux cordes, dont elles troublent les fonctions.

Tel est l'ensemble des symptômes locaux de l'angine arthritique. Il n'est pas toujours constant; le plus souvent, cependant, ces lésions sont associées, sans toutefois présenter une égale intensité sur tous les points atteints.

Devant l'exposé de lésions si nombreuses, si variées, si nuancées pourrions-nous dire, il nous paraît inutile d'insister sur la nécessité de l'examen direct du larynx avec le miroir laryngoscopique. Elle frappera nécessairement tous les esprits. Son importance est d'autant plus grande, d'autant plus indéniable que les troubles fonctionnels dont nous allons aborder la description ne sont généralement pas propres à indiquer le siège, l'étendue, la nature des lésions anatomiques.

Symptômes subjectifs de l'angine arthritique.

Le trouble fonctionnel dominant dans la laryngite arthritique, c'est une altération plus ou moins profonde de la voix.

Lorsque dans la *forme asthénique*, les cordes vocales surtout sont atteintes, comme nous l'avons vu plus haut, de congestion avec défaut de tension, il ne se manifeste le plus souvent qu'une légère raucité de la voix, fréquemment passagère, manquant même parfois absolument, ou nécessitant pour se traduire à l'oreille les modulations du chant, l'émission des sons élevés, ou l'exercice public de la parole. Dans les cas où les lésions sont plus étendues plus accentuées, la voix est plus sérieusement altérée, elle devient impure, éraillée, rauque, mais il n'y a jamais d'aphonie. Ces phénomènes sont surtout manifestes le matin au réveil. Ils disparaissent en partie quand le malade a parlé quelque peu, elles s'exagèrent au contraire s'il parle pendant un certain temps.

L'altération de la voix, en dehors de la présence de mucosités sur les cordes vocales que nous avons signalée, est due, pour une part assez faible nous l'avons vu, aux diverses altérations anatomiques de ces organes, mais elle est surtout d'origine mécanique et résulte principalement de la gêne apportée à l'action musculaire par le gonflement de la commissure postérieure qui empêche le rapprochement complet des éminences aryténoïdes.

D'autres phénomènes subjectifs, sans gravité, mais souvent fort désagréables, correspondent encore à l'existence de l'angine arthritique.

Le malade éprouve habituellement une certaine sécheresse et une gêne légère du pharynx et de la région laryngienne, gêne qui peut devenir très marquée si le malade s'expose au froid et surtout à l'humidité, et qu'exagèrent également les variations atmosphériques et les fatigues vocales.

La présence des mucosités détermine aussi un chatouillement désagréable et parfois incessant. Aussi le malade doit-il faire fréquemment des efforts d'expulsion qui se traduisent par l'émission d'un son caractéristique analogue au *hem* anglais, efforts qui amènent le rejet de ces mucosités mêlées à de la salive, ou sous forme de petits pelotons muqueux grisâtres.

La toux fait généralement défaut, suppléée qu'elle est par le hem. Cependant, on observe lorsque la commissure postérieure est lésée une toux sèche et quinteuse, avec spasmes laryngés, qui est extrêmement fatigante.

La *rhinite postérieure* qui fait partie de l'angine arthritique présente quelques symptômes particuliers. La présence de mucosités dans le naso-pharynx et spécialement sur la face supérieure du voile du palais produit un sentiment de gêne fort désagréable, aussi voit-on les malades faire de sérieux efforts de régurgitation, de déglutition pour s'en débarrasser.

Ce symptôme se manifeste surtout le matin, et les efforts vont quelquefois jusqu'à amener des haut-le-corps et des vomissements.

L'hypertrophie glandulaire et l'accumulation des mucosités peuvent encore obstruer les orifices des trompes d'Eustache, et causer, il en est fréquemment ainsi, une surdité plus ou moins marquée.

Marche. — L'angine arthritique est toujours chronique primitivement, c'est-à-dire qu'elle ne succède jamais à un état aigu. Elle s'établit lentement, progressivement à l'insu pour ainsi dire du malade. Une fois constituée elle est tenace, et quitte difficilement les organes atteints, quoique changeant aisément de localisations. Elle est sujette à de fréquentes exacerbations, tantôt sans cause appréciable, mais le plus

souvent sous l'influence d'actions minimes, analogues à celles qui ont favorisé son début et son développement. Ces exacerbations, heureusement, marquent à peine leur passage, et laissent à peu de chose près, lors de leur apaisement, les parties en l'état préexistant.

Enfin l'angine arthritique récidive facilement.

Étiologie. — En dehors de l'état constitutionnel qui est la cause fondamentale de l'angine arthritique, il est un certain nombre d'actions qui appellent immédiatement le développement des manifestations de l'arthritisme sur la muqueuse rhino-pharyngo-laryngée; et qui les exaspèrent lorsque la muqueuse malade est soumise à leur impression. Tels sont : le froid, l'humidité, les fraîcheurs du matin et du soir, le retour du printemps et l'approche de l'hiver, les irritants locaux, tabac, alcooliques, poussières diverses, l'exercice exagéré de la voix, certaines impressions nerveuses, des troubles gastriques, des troubles dans les fonctions de la peau, la suppression brusque des affections de cet organe, et de certains flux normaux ou pathologiques.

Terminaisons. — L'angine arthritique est dépourvue de gravité immédiate. Elle ne laisse pas cependant que d'être fort désagréable, et d'apporter même aux orateurs et aux chanteurs une gêne sérieuse dans l'exercice de leur art. Peut-être aussi sa longue persistance n'est-elle pas sans menaces ? La ténacité du mal, le retour fréquent des exacerbations exercent assez souvent une action fâcheuse sur le moral des malades. Donnant à un mal réel une interprétation erronnée, ils s'imaginent être atteints de la poitrine, ou ils deviennent hypochondriaques. L'examen laryngoscopique, en montrant au médecin les lésions de la laryngite arthritique, lui permettra de rassurer pleinement ces malades; en même temps que l'emploi du laryngoscope, assez rarement pratiqué encore, ne manquera pas d'agir sur leur moral.

L'angine glanduleuse, a-t-on écrit, peut se transformer en tuberculose. Il y a là, nous ne craignons pas de le dire, une erreur absolue. La lésion des glandules est purement locale, de nature congestive, irritative même, mais elle n'a rien qui touche de près comme de loin à la lésion spécifique tuberculeuse.

Si quelques médecins ont cru pouvoir décrire cette prétendue transformation, c'est qu'ils ont été trompés par la coïncidence relativement fréquente, qui existe entre les angines glanduleuses et la phthisie pulmonaire.

La lésion glanduleuse hypertrophique appartient, en effet, aux diathèses arthritique et scrofuleuse, qui par suite de leurs dégénérations successives peuvent aboutir à la phthisie tuberculeuse, d'où coïncidence possible des deux ordres de lésions. Il faut néanmoins aller plus loin et dire que bien que la granulation ne puisse se transformer en tubercule, l'état d'une muqueuse malade, et altérée dans sa nutrition depuis de longues années, peut disposer à l'évolution *in situ* d'une nouvelle diathèse, que celle-ci soit le produit d'un ensemencement, selon les idées les plus modernes; qu'elle soit le résultat d'un nouveau pas dans la dégénération, dans l'abâtardissement de la diathèse préexistante. « La phthisie, a dit Pidoux, n'est pas une maladie qui commence, c'est une maladie qui finit, » et qui finit surtout, pourrions-nous ajouter, l'arthritisme et la scrofule.

Les mêmes réflexions s'appliquent à l'invasion possible des muqueuses, atteintes d'angine arthritique, par le cancer; et au rôle joué dans la localisation de cette affection terminale par la préexistence de l'angine depuis de longues années.

Cet état chronique de la muqueuse prédispose encore à la production d'angines exquises, c'est-à-dire suraiguës, survenant comme métastases goutteuses ; angines conduisant rapidement à la suffocation et à la trachéotomie. Des auteurs sérieux, Murgraves et Barthez, en ont cité des exemples.

On ne saurait donc trop insister sur la nécessité d'un traitement sérieux de l'angine arthritique. Traitement basé sur un diagnostic précis, résultant lui-même d'un examen complet des parties malades. *L'abaisse-langue, le miroir rhinoscopique et le laryngoscope devront donc toujours être mis à contribution.*

Diagnostic. — L'angine arthritique est caractérisée :

Par la dissémination de ses symptômes au pharynx, au larynx, à la partie postérieure des fosses nasales : la coexistence de cette dernière affection avec la pharyngo-laryngique étant absolument spéciale ;

Par son début toujours chronique primitivement, sa ténacité, sa faculté de localisation, d'exacerbation, de récidive qui en font une maladie diathésique ;

Par sa nature éminemment congestive, sa mobilité, le caractère superficiel de ses lésions qui la classent parmi les manifestations de l'arthritisme.

Le diagnostic ne saurait être assis sur les caractères des lésions du pharynx. On ne les y rencontre généralement pas dans un état de pureté satisfaisantes, altérées qu'elles sont par les irritations dues au tabac, aux alcooliques, aux diverses poussières irritantes qui viennent, de leur côté, léser la muqueuse pharyngienne. Il n'en est heureusement pas de même au larynx; les lésions peuvent y être étudiées dans toute leur intégrité. Et ce n'est qu'après un *examen spécial au laryngoscope* qu'il peut être prononcé sur la nature d'une angine supposée arthritique. Cet examen doit donc être fait dans tous les cas, alors même que rien n'appelle l'attention du côté du larynx. Une laryngite de nature arthritique peut, nous l'avons dit déjà, exister à un certain degré sans être trahi par des troubles fonctionnels. Il pourrait donc arriver qu'un état laryngitique non constaté fut exagéré par certaines pratiques d'un traitement institué pour une pharyngite considérée à tort comme isolée.

La forme affectée par la pharyngite arthritique, qu'elle soit *commune* ou *sèche*, sera dénoncée par l'examen de la gorge avec l'abaisse-langue.

L'examen au miroir laryngien rendra le même service pour distinguer la *forme purement congestive* de la *forme asthénique* de la laryngite arthritique.

De même encore le miroir rhinoscopique déterminera les lésions de la muqueuse naso-pharyngienne.

La nécessité de particulariser ces formes est absolument indispensable au point de vue du traitement.

Certaines affections ont, avec la rhinite, la pharyngite ou la laryngite arthritique, des analogies sérieuses qui nous font un devoir d'en indiquer les dissemblances.

La *rhinite postérieure arthritique* se distingue de la *scrofuleuse* par l'aspect plus foncé dans celle-ci, presque violacé, de la muqueuse et des granulations; par la présence de croûtes jaunâtres sèches, sous lesquelles on peut voir de légères excoriations; par la production de mucosités purulentes fétides. On peut joindre encore à ces signes de la rhinite scrofuleuse la coïncidence constante d'une rhinite antérieure, et enfin la marche ascendante des lésions qui, dans la scrofule, débutent par la paroi postérieure du pharynx, pour ne gagner que plus tard la face supérieure du voile du palais.

La généralisation, la multiplicité des granulations, la médiocrité de leur volume, leur vive coloration, l'existence de riches-lacis vasculaires sinueux, varicoïdes, vivement colorés distinguent la *pharyngite arthritique* de la *scrofuleuse,* où les granulations sont peu nombreuses, volumineuses, d'un rouge sombre violacé, et accompagnées de vaisseaux bleuâtres, à peu près rectilignes, volumineux, dus à une simple stase sanguine.

Quant à la *pharyngite tuberculeuse,* elle est absolument exceptionnelle. Lorsqu'elle existe, elle revêt l'aspect de la pharyngite arthritique ou scrofuleuse, selon son origine diathésique, mais au premier coup d'œil, elle se singularise par un aspect tout particulier de la muqueuse, bien qu'il ne soit pas spécifique. C'est la décoloration, la pâleur, une teinte terreuse de la muqueuse sur laquelle repose les granulations, en un mot l'*anémie.* Il faut toutefois bien savoir que cet état ne sera caractéristique, qu'autant qu'il ne sera pas lié à une anémie générale non spécifique, ou encore à une chlorose.

Nous n'avons pas compris dans ces lignes, bien évidemment, la tuberculose miliaire aiguë pharyngo-laryngée.

La confusion de la pharyngite arthritique avec la *pharyngite syphilitique* n'est guère possible. Celle-ci n'est que passagère, presque aiguë. Elle se traduit par une coloration très vive, scarlatineuse, à bords francs des piliers antérieurs d'abord, puis de tout le voile, de la voûte palatine, et de la luette. Les amygdales ne sont que rarement atteintes, et moins souvent encore les piliers postérieurs et la paroi postérieure du pharynx. Quant à la pharyngite syphilitique érosive et papuleuse, nous ne devons même pas nous y arrêter.

Nous ne chercherons pas non plus à différencier la laryngite arthritique d'avec la laryngite scrofuleuse qui est presque un mythe, et d'avec la laryngite syphilitique qui n'a aucun point de contact. Reste donc seulement la *laryngite tuberculeuse.*

Le diagnostic pourrait présenter certaines difficultés si l'on ne savait que, d'une part, dans la tuberculose laryngée les manifestations pharyngiennes font défaut; et que, d'autre part, la période catarrhale de la phthisie laryngée coïncide presque toujours, sans que cela soit cependant une règle absolue, avec des signes de tuberculisation pulmonaire à différents degrés.

Quant aux lésions anatomiques qui présentent de grandes analogies, elles débutent toujours dans la phthisie laryngée par les cordes vocales, et pour être plus précis par la partie voisine de leur bord libre. Ce n'est que plus tard qu'elles arrivent à la commissure postérieure pour y produire l'aspect velvétique spécial à la tuberculose et dont nous avons

donné les caractères. Donc dans la phthisie laryngée une localisation
plus étroite encore que dans la laryngite arthritique. La décoloration de
la muqueuse déjà signalée au pharynx est encore un excellent signe.

Traitement.

Malgré la ténacité, la tendance aux récidives qu'elle doit à son origine
diathésique, l'angine arthritique est heureusement influencée par les
ressources ordinaires de la thérapeutique.

Les moyens employés contre la pharyngite sont les gargarismes et
les badigeonnages des parties malades avec des solutions astringentes
plus ou moins concentrées, en particulier avec celles de chlorure de zinc
au 1/100me, 1/50me et même au 1/30me. Les gargarismes et les pastilles de
borate de soude sont aussi d'un excellent usage dans la forme commune
de la pharyngite de même que les gargarismes avec l'aconit. L'acide
thymique, en gargarismes, pastilles et badigeonnages, est au contraire
préféré dans la pharyngite sèche. Lorsque l'hypertrophie glandulaire
est considérable, les attouchements avec une solution iodo-iodurée sont
bien indiqués.

Dans la laryngite, des attouchements sont faits avec les mêmes solutions astringentes, que l'on étend quelque peu pour les employer également en pulvérisation, ainsi qu'avec l'alcoolature d'aconit. Dans la forme
asthénique, on touche les cordes vocales avec une solution de sulfate de
strychnine, et l'on applique l'électricité à la région laryngienne.

À ce traitement local doivent être ajoutés des moyens propres à surex-
citer les fonctions de la peau, à faire révulsion sur cet organe, tels que
les frictions sèches, les bains sulfureux et alcalins pendant la période
d'état, les bains de vapeur, les étuves sèches, les douches chaudes pendant les poussées congestives qui constituent les exacerbations de l'angine arthritique.

On a parfois recours aussi aux dérivatifs intestinaux.

Dans la rhinite postérieure, on emploie de même les badigeonnages
avec les solutions astringentes, ou mieux les irrigations nasales avec
ces mêmes solutions atténuées et chaudes.

L'usage interne de l'alcoolature d'aconit et des balsamiques tels que
goudron, térébenthine, créosote, sera également recommandé dans les
diverses manifestations angineuses.

Le traitement sera enfin complété par l'emploi *intus* et *extra* des alcalins, des arsenicaux et des sulfureux, qui s'adressent à l'état constitutionnel.

Ces divers moyens de traitement sont généralement utiles et souvent
même ils amènent la disparition du mal, surtout lorsqu'à leur emploi se
joint une sage et prudente hygiène. Néanmoins certains cas résistent
et deviennent dès lors passibles des eaux thermo-minérales.

Traitement thermo-minéral. — Les eaux d'Aix-les-Bains sont tout
spécialement indiquées dans le traitement de l'angine arthritique, et par
leur spécialisation anti-arthritique et par leur nature sulfureuse. Leurs
effets sont excellents, nous pouvons en témoigner *de visu*, et nous serions
heureux d'appeler à ce point de vue l'attention des médecins sur ces eaux.

La plupart des arthritiques qui viennent à Aix sont, avons-nous dit, atteints d'angine. Nous ne saurions trop les engager à profiter de leur séjour dans cette station pour traiter cette manifestation de l'arthritisme. Cette cure sera parfaitement conciliable avec celle qu'ils viennent faire pour leurs douleurs, puisque l'origine est la même. D'autre part, il n'est pas toujours indifférent de négliger l'état de la gorge et du larynx ; nous l'avons dit déjà plus haut.

A Aix, l'angine arthritique est combattue par une action locale ou topique, par une action révulsive qui se fait sur la peau, et par une action générale demandée au principe minéralisateur des eaux, que son absorption ait lieu tout spécialement par les voies digestives, ou qu'elle accompagne les divers procédés du traitement en se faisant par la muqueuse respiratoire ou par la peau.

La *médication générale* est destinée à combattre la disposition constitutionnelle ; elle ne varie pas avec les diverses manifestations arthritiques, mais elle change suivant l'état de santé du malade, sa constitution, son tempérament plus ou moins excitable.

Les malades affaiblis, anémiés comme le sont les arthritiques déjà âgés, ou vieux dans la diathèse, malgré leur jeune âge, se trouveront bien de la médication tonique. La plupart de ceux qui vont aux eaux rentrent dans l'une ou l'autre de ces catégories. Ils seront donc soumis à l'usage de la douche tiède, des bains tièdes et des bains de piscine. Cette méthode tempérée s'étant en grande partie substituée à Aix aux procédés presque barbares de l'ancien temps.

Les malades dont l'état de santé est plus satisfaisant, ainsi que les lymphatiques bénéficieront des effets de la médication thermale excitante, à l'aide des étuves, des douches chaudes et des bains chauds.

Dans l'une comme dans l'autre méthode, tempérée ou thermale, le massage général est uni aux procédés choisis. On parvient ainsi à régulariser les fonctions de la peau ; ce qui est d'une importance capitale dans le traitement de l'angine comme des autres localisations de l'arthritisme.

Enfin on prescrit encore aux malades la boisson de l'eau minérale. Aix, Marlioz, Challes et Saint-Simon étant douées de propriétés altérantes indéniables. L'état du tube digestif indiquera la température à laquelle devront être prises les eaux.

La *révulsion* se fait soit sur toute la surface cutanée par les étuves et les douches à hautes températures ; soit sur des points éloignés du cou, comme les membres inférieurs, les pieds, à l'aide des demi-bains, des douches chaudes, des bains de pieds chauds à eau dormante, ou mieux encore à courant continu ; soit enfin sur des points rapprochés comme la région cervicale antérieure, où l'on peut appliquer des douches à température modérée et à faible pression.

Le massage local est également pratiqué avec fruit sur la même région.

Le *traitement local* doit varier avec les formes de la maladie :

Dans la *pharyngite* commune on emploie : les gargarismes chauds à Aix, ou froids à Marlioz suivant le degré d'excitabilité de la muqueuse ; les douches pulvérisées également chaudes à Aix, et froides à Marlioz.

Dans la *pharyngite* sèche, on use des gargarismes chauds, à température élevée même, et des douches directes chaudes.

Dans la *laryngite simplement congestive* avec varicosités vasculaires, on emploie les inhalations tièdes d'Aix et le humage, et l'on insite sur la révulsion cutanée.

Dans la *forme asthénique*, caractérisée par le défaut de tension des cordes vocales, on a recours aux pulvérisations chaudes d'Aix, ou de Marlioz. La douche cervicale, ainsi que le massage du cou sont également bien indiqués dans cette variéte de l'angine arthritique.

Dans la *rhinite* postérieure, on se sert des irrigations nasales à une température douce, voisine de celle du corps humain, et de douches directes ou pulvérisées également chaudes.

Pendant les *exacerbations* qui se présentent parfois durant la cure, par suite d'un refroidissement ou d'une infraction aux règles de l'hygiène, il est sage d'interrompre le traitement, n'en conservant, avec plus d'insistance même, que la révulsion cutanée. On appuyera donc sur les étuves et les douches chaudes, en choisissant les cabinets bien aérés afin d'éviter autant que possible le contact des vapeurs sulfureuses avec la muqueuse malade. Les sudations en caisse répondent très bien à cette indication, latête restant hors de l'étuve.

Il ne faut pas confondre les poussées d'angine diathésique, avec l'*angine thermale,* due à l'irritation substitutive que produisent les eaux après quelques jours d'application. Lorsque les malades sont assidûment suivis, cette angine accidentelle ne prend généralement pas assez d'intensité pour déterminer l'interruption complète du traitement. Elle disparaît rapidement, d'elle-même, sous l'influence d'un adoucissement aux pratiques du traitement, et celles-ci ne tardent pas à être reprises de nouveau avec toute leur énergie et sans crainte de nouveaux incidents.

Sous l'influence de l'absorption d'hydrogène sulfuré qui se fait pendant les diverses opérations du traitement, la muqueuse respiratoire se trouve soumise à une double action topique; celle d'entrée du gaz qui s'exerce sur la surface libre; celle de sortie qui agit sur la face profonde, l'élimination du gaz se faisant en très grande partie par la respiration.

L'*inhalation exagérée* de l'hydrogène sulfuré, les malades doivent en être avertis, n'est pas toujours sans inconvénients. Elle amène parfois lorsqu'elle est trop prolongée ou même trop souvent répétée, des vertiges et des maux de tête. Aussi est-il d'usage à Aix comme à Marlioz de couper fréquemment les séances par des repos pendant lesquels les malades vont respirer l'air pur du dehors. Il est bon, en outre, que les malades soient soumis à une certaine surveillance. Si, malgré ces mesures préventives, et en raison de dispositions spéciales, des accidents venaient à se produire chez certains malades, ils ne devraient pas en être impressionnés. Ces accidents toujours bénins sont, en effet, facilement combattus par la respiration de l'air extérieur, les bains de pieds chauds, ou mieux encore les douches chaudes sur les membres inférieurs.

Les procédés de traitement sont, on le voit, très variés. Ils sont indiqués par les divers états anatomiques et fonctionnels de la muqueuse malade. On ne s'étonnera donc pas de nous voir insister une fois encore *sur la nécessité de l'examen complet et minutieux de la gorge, du naso-pharynx et du larynx dans l'angine arthritique.* Un diagnostic bien raisonné conduit à un traitement bien approprié, couronné par d'heureux succès.

Ressources offertes par la station d'Aix-les-Bains.

La combinaison des incomparables ressources offertes par les établissements d'Aix et de Marlioz procure aux malades tous les moyens utilisables pour un traitement hydrominéral sulfureux chaud ou froid.

La station d'Aix est, en effet, exceptionnellement douée au point de vue du traitement des maladies des voies respiratoires. Nulle part on n'en trouve les divers éléments : eaux sulfureuses chaudes et froides, installation, climat, réunis en un groupe aussi complet.

L'*immense établissement d'Aix*, où coule à torrents l'eau minérale, présente une installation des plus complètes et des plus commodes pour le traitement spécial des maladies des voies respiratoires. On y trouve, en effet :

Deux grandes salles d'inhalation tiède, alimentées par l'eau thermale à coulage direct et munies de bains de pieds à courant continu ;

Deux salles de pulvérisation chaude dont les appareils reçoivent également et directement l'eau minérale.

Une salle de humage, dont les tambours munis de tuyaux en caoutchouc portent la vapeur sulfureuse dans la gorge, le poumon, le nez, les yeux et les oreilles. Ces tambours sont placés de façon à ce que la vapeur y arrive avec une pression différente, toujours la même pour chacun d'eux, permettant ainsi d'établir des degrés dans le traitement selon les indications médicales.

Des douches à toutes pressions, des étuves à toutes températures, pour la médication révulsive, ainsi que des bains de baignoire entiers ou partiels.

Une grande buvette centrale avec gargarisoirs.

A *Marlioz*, dont l'établissement est situé à 1 kilomètre d'Aix au milieu d'un parc vaste et charmant, on trouve avec des eaux froides minéralisées par le sulfhydrate de sodium, l'iodure de sodium et l'hydrogène sulfuré libre :

Deux salles d'inhalation froide ;

Une salle de douches pharyngiennes ;

Des cabinets de pulvérisation d'eau minérale froide, ou chauffée par les procédés les plus modernes ;

Deux buvettes avec gargarisoirs.

A *Aix* encore, par suite d'une organisation toute spéciale, les malades peuvent boire dans un état d'intégrité, égal à celui qu'elle présente au griffon l'eau bromo-iodurée de Challes, la plus sulfureuse qui soit connue. Il en est de même pour la source de Saint-Simon, dont les propriétés alcalines sont utilisées dans le traitement des catarrhes des voies respiratoires. Cette eau est particulièrement recommandée aux goutteux et aux graveleux.

Qu'on nous permette enfin, pour ne rien omettre de ce qui appartient au domaine médical, d'appeler l'attention sur l'excellence du climat, tout en glissant cependant sur les charmes du séjour.

L'air qu'on respire à Aix est des plus sains. Les vapeurs sulfureuses qui l'imprègnent, bien qu'inappréciables par nos sens, le rendent très favorable aux personnes qui sont atteintes d'affections des voies respiratoires. Le climat est très doux, la vallée d'Aìx, située à une hauteur moyenne (258 mètres d'altitude), entourée de montagnes élevées, est à l'abri des vents, du froid et de l'humidité. Par le lac qui avoisine la ville, cette vallée est largement ventilée et suffisamment rafraîchie sans présenter la chaleur énervante, ni les refroidissements du matin et du soir, qui sont si dangereux dans les stations élevées, ou découvertes, ou situées dans une plaine sans abri.

Tels sont les précieux avantages que présente la station d'Aix-les-Bains. Il nous suffira de les signaler au corps médical pour qu'il en apprécie l'importance et la valeur.

ANNEXE

Nous avons cru devoir terminer cette étude par la reproduction de quelques observations destinées à démontrer l'existence de l'angine arthritique.

La constitution de cette affection en entité morbide a du reste pour elle l'autorité du Dr Cadier. Notre excellent confrère et ami a bien voulu, après nous avoir maintes fois fait constater à sa clinique les caractères de cette affection, confirmer la description que nous en avons donnée, par des faits empruntés à sa clientèle.

No 1549. — 20 avril 1883. — Rougeur, granulations et aspect varicoïde du pharynx. Aspect chagriné de la face postérieure de l'épiglotte. Rougeur des aryténoïdes et des bandes ventriculaires. Cordes vocales rosées, avec gonflement et état varicoïde des capillaires. Gonflement léger de la commissure postérieure. Alcoolature d'aconit à l'intérieur. Frictions sèches.

1er mai. — Poussée. Rougeur généralisée. Aspect chagriné des éminences et de la face postérieure de l'épiglotte.

Août. — Apparition d'une glande hypertrophiée sur la corde vocale gauche, épaississement, rougeur avec stries vasculaires, défaut de tension. Cet état persiste jusqu'en février 1884.

Mars 1884. — Les lésions de la corde vocale gauche ont disparu ; mais la partie où siégeait la glande est toujours quelque peu volumineuse.

Avril. — Colique néphrétique. Hémorrhoïdes. Depuis cette époque il se produit aux changements de temps et sous l'influence de la fatigue un certain degré de raucité dans la voix, et alors on constate au laryngoscope une congestion généralisée avec état varicoïde et épaississement des cordes vocales ; les sécrétions sont très visqueuses, elles agglutinent les bords libres des cordes vocales.

No 1586. — Rougeur généralisée du pharynx, granulations fines et rouges. Rougeur généralisée avec aspect chagriné des éminences aryténoïdes.

Cordes vocales bien nacrées en avant, mais en arrière rougeur avec teinte opalescente et granulations fines. Commissure postérieure ; granulations fines, rougeur et aspect chagriné.

Toux spasmodique et spasmes laryngés fréquents. Alcoolature d'aconit à l'intérieur ; pulvérisations avec la solution de bromure de potassium et l'alcoolature d'aconit ; pastilles de borate de soude ; douches et frictions sèches. — Amélioration rapide — à la suite congestions faciles et fréquentes du larynx.

No 1590. — Rougeur généralisée et état varicoïde du pharynx. Rougeur et gonflement des piliers postérieurs. Gonflement léger des éminences aryténoïdes. Rougeur et gonflement léger des cordes vocales. Gonflement et granulations fines de la commissure postérieure.

No 1630. — Rougeur et aspect granuleux de la portion postérieure des fosses nasales. Pharynx granuleux. Rougeur et aspect chagriné de la face postérieure de l'épiglotte, granulations de son bord libre.

Rougeur des aryténoïdes ; gonflement des bandes ventriculaires. Cordes

vocales rosées avec gonflement. Granulations fines de la commissure postérieure.

Poussées fréquentes d'état subaigu avec picotements répétés et raucité de
la voix. Le malade part pour New-York. Il est perdu de vue momentanément.
A son retour l'année suivante il présente l'état varicoïde des piliers et du
pharynx; l'aspect velvétique très prononcé de la commissure postérieure; les
cordes vocales sont rosées et épaissies. Douches, bains de vapeur, frictions
sèches, arsénicaux à l'intérieur.

N° 1642.   Rougeur et granulations fines du pharynx.
Rougeur à l'épiglotte. Granulation des aryténoïdes.

Coloration rosée avec stries vasculaires et épaississement des cordes
vocales.

Toux spasmodique avec léger enrouement.

Congestion fréquente de la gorge et du nez avec sécrétion abondante.

21 juin 1885. Quelque temps après cette examen, congestion plus vive,
généralisée; granulations pharyngiennes très fines et très rouges, surtout à
gauche.

Picotements incessants de la gorge.

Pulvérisations avec une solution de chlorhydrate de cocaïne; teinture de
grindelia robusta. Frictions sèches.

N° 1706. — Malade très rhumatisant.

Granulations fines du pharynx, état varicoïde.

Rougeur de l'épiglotte. Rougeur et gonflement de l'éminence aryténoïde
gauche.

Teinte rosée de la corde vocale droite avec nodosité dans son milieu.

Rougeur, aspect granuleux et épaississement de la corde vocale gauche
avec parésie.

Gonflement et aspect velvétique de la commissure postérieure. Raucité de
la voix.

Frictions sèches. Applications de courants continus.

Pulvérisations avec la teinture de noix vomique et l'alcoolature d'aconit.

La parésie a d'abord disparu, puis la congestion a diminué, pour revenir
ensuite de temps en temps par poussées.

N° 1711. — Rougeur du naso-pharynx.

Pharynx granuleux et sec. Rougeur et état varicoïde des piliers. Rougeur,
état chagriné et varicoïde des aryténoïdes. Gonflement des bandes ventriculaires. Teinte rosée des cordes vocales avec épaississements de leurs bords.

Rougeur de la commissure postérieure.

Enrouements fréquents, mais durant peu; coryzas également fréquents par
variations atmosphériques. Le gargarisme avec le thymol et l'alcoolature
d'aconit donne du soulagement et diminue la sécheresse du pharynx.

N° 1714. — Rhinite postérieure. Rougeur vive et granulations fines au
pharynx avec mucosités. Rougeur et aspect chagriné de l'épiglotte. Rougeur
vive et gonflement des éminences. Rougeur et épaississement du bord des
cordes vocales. Aspect velvétique léger de la commissure postérieure avec
desquamation épithéliale.

Toux quinteuse. Chatouillements fréquents.

Purgatifs; frictions sèches; bains de vapeur; aconit en pulvérisations et en
gargarismes. Amélioration rapide. Depuis poussées fréquentes et de peu de
durée. Le malade fume moins et se soigne assez régulièrement.

N° 1718. — Le naso-pharynx, le pharynx, l'épiglotte et les aryténoïdes
présentent les lésions caractéristiques. Les cordes vocales sont rouges et
légèrement épaissies.

Pulvérisations avec une solution de chlorure de zinc, et fumigations iodées.

N° 1749. — Angine arthritique type. Asthme et catarrhe bronchique,
soixante-cinq ans.

État stationnaire; poussées fréquentes.

N° 1754. — Angine arthritique type. Gravelle. — Les changements de température amènent des recrudescences.

N° 1773. — Angine arthritique type. — Asthme.

BOURLOTON. — Imprimeries réunies, B.

Publications de la librairie ADRIEN DELAHAYE et ÉMILE LECROSNIER, éditeurs

BIBLIOTHÈQUE ANTHROPOLOGIQUE

Dirigée par

MM. MATHIAS DUVAL, GEORGES HERVÉ, ABEL HOVELACQUE, CH. LETOURNEAU
GABRIEL DE MORTILLET et H. THULIÉ.

AVIS. Il paraîtra tous les quatre mois un volume de la *Bibliothèque anthropologique*.

Éléments d'anthropologie générale, par le docteur PAUL TOPINARD, professeur à l'École d'anthropologie, etc. 1 fort vol. in-8 avec 220 figures intercalées dans le texte et 5 planches .... 24 fr

Études cliniques sur l'hystéro-épilepsie ou grande hystérie, par le docteur RICHER, ancien interne des hôpitaux, etc. Précédées d'une lettre-préface de M. le professeur J.-M. CHARCOT. 2e édition revue et augmentée. 1 fort vol. in-8 avec 197 figures intercalées dans le texte et 10 gravures à l'eau-forte. 1885 .... 25 fr.,

Curabilité et traitement de la phtisie pulmonaire, leçons faites à la Faculté de médecine par S. JACCOUD, professeur de pathologie médicale à la Faculté de Paris, etc. un vol. in-8, 1881, 10 fr., cartonné .... 11 fr.

De la phtisie bacillaire des poumons, par G. SÉE, professeur de clinique médicale à la Faculté de médecine de Paris, et LABADIE-LAGRAVE, médecin des hôpitaux (*Médecine clinique*). 1 vol. in-8, avec 2 pl. 1884 .... 11 fr.

Du diagnostic et du traitement des maladies du cœur, et en particulier de leurs formes anomales, par le professeur GERMAIN SÉE. Leçons recueillies par le docteur F. LABADIE-LAGRAVE (Clinique de la Charité, 1874 à 1876), 2e édition. 1 vol. in-8. 11 fr., cartonné. 12 fr.

Des dyspepsies gastro-intestinales. Clinique physiologique, par le professeur GERMAIN SÉE, 2e édition. 1 vol. in-8. 1883 .... 10 fr.

Traité théorique et pratique de la goutte, par le docteur LECORCHÉ, médecin des hôpitaux, etc. 1 vol. in-8 avec 5 planches. 1884 .... 13 fr.

Traité d'électrothérapie, par le docteur ERB, professeur à l'Université de Leipzig, etc. Traduit de l'allemand par le docteur RUEFF. 1 vol. in-8 avec figures dans le texte. 1884. 13 fr.

Manuel de pathologie et de clinique infantiles, par H. DECROIZILLES, médecin de l'hôpital des Enfants malades, etc. 1 vol. in-8. 1885 .... 12 fr.

Traité élémentaire du massage, par le docteur ESTRADÈRE. 2e édition. 1 vol. in-8. 1884. 4 fr.

Traité de thérapeutique appliquée, basé sur les indications, suivi d'un précis de thérapeutique et de posologie infantiles, et de notions de pharmacologie usuelle sur les médicaments signalés dans le cours de l'ouvrage, par J.-B. FONSSAGRIVES, professeur de thérapeutique et de matière médicale à la Faculté de médecine de Montpellier, etc., deuxième tirage augmenté d'un Appendice, comprenant les progrès récents réalisés en thérapeutique appliquée. 2 vol. in-8. 1882 .... 24 fr.

Traité de matière médicale, ou pharmacographie, physiologie ou technique des agents médicamenteux, par le professeur J. B. FONSSAGRIVES. 1 fort vol. in-8 avec 241 figures intercalées dans le texte. 1885 .... 21 fr.

Traité élémentaire de thérapeutique et de pharmacologie, par le docteur RABUTEAU. 4e édition, 1 vol. in-8 avec 58 figures intercalées dans le texte. 1884 .... 19 fr.

BOURLOTON. — Imprimeries réunies, B.